Sitzungsberichte
der Akademie der Wissenschaften
der DDR
Mathematik – Naturwissenschaften – Technik

12 N
1976

Wolfgang Rolle

Berechnung von Schadstoffkonzentrationen in der Atmosphäre

AKADEMIE-VERLAG · BERLIN

Sitzungsberichte
der Akademie der Wissenschaften
der DDR
Mathematik — Naturwissenschaften — Technik

Jahrgang 1976 · Nr. 12/N

Wolfgang Rolle

Berechnung von Schadstoffkonzentrationen in der Atmosphäre

AKADEMIE-VERLAG · BERLIN
1976

Vortrag von Dr. Wolfgang Rolle,
Forschungsstelle für chemische Toxikologie
der AdW der DDR, Leipzig,
gehalten in der Sitzung der Klasse Umweltschutz und
Umweltgestaltung am 26. 2. 1976

Herausgegeben im Auftrage
des Präsidenten der Akademie
der Wissenschaften der DDR
von Vizepräsident Prof. Dr. Heinrich Scheel

Erschienen im Akademie-Verlag, 108 Berlin, Leipziger Straße 3—4

Lizenznummer: 202 · 100/181/76
Gesamtherstellung: VEB Druckhaus Köthen
Bestellnummer: 753 217 8 (2010/76/12/N) · LSV 3235
Printed in GDR
DDR 3,— M

Vorbemerkungen von OM Karlheinz Lohs zum Vortrag von Wolfgang Rolle

Mit den Darlegungen von Herrn Dr. ROLLE stellen wir der Klasse „Umweltschutz und Umweltgestaltung“ der Akademie der Wissenschaften der DDR eine noch sehr junge Arbeitsrichtung der Forschungsstelle für chemische Toxikologie unserer Akademie vor.

Nachdem 1971/72 die ersten konzeptionellen Vorstellungen einer chemisch-toxikologisch orientierten Grundlagenforschung über Probleme der Schadstoffausbreitung entwickelt worden waren, haben wir einige grundsätzliche Überlegungen „Zur Ausbreitung von Schadstoffen in der Atmosphäre und zu einigen Voraussetzungen für dabei mögliche chemische Reaktionen“ in einer Publikation dargestellt.[1] Inzwischen haben Dr. ROLLE und seine kleine Mitarbeitergruppe mit der theoretischen und der experimentellen Bearbeitung dieser Problematik begonnen. Erste Arbeitsergebnisse sollen Ihnen nachfolgend vorgestellt werden. Diese Resultate erheben keinen Anspruch auf Vollständigkeit, jedoch scheinen sie mir geeignet, den Mitgliedern und Gästen der Klasse eine Vorstellung von den theoretischen und praktischen Ansätzen dieser Arbeiten zu vermitteln. Ihre Diskussion wird für die weitere Fortführung sowie für die Profilierung und gegebenenfalls Korrektur unseres Forschungsprogrammes von erheblichem Wert sein. Zugleich erhoffen wir uns die Bestätigung unserer Auffassung, daß diese Arbeiten zur Schadstoffausbreitung ein wichtiger Bestandteil der chemisch-toxikologischen Grundlagenforschung sind. Sowohl methodisch als auch ihrem Inhalt nach können solche Untersuchungen weder von der Meteorologie noch der medizinischen Toxikologie bearbeitet werden.

Wenn wir die chemische Toxikologie als „die Lehre von den Eigenschaften der Gifte und den Möglichkeiten, die Gifte zu erkennen sowie sie unschädlich zu machen“ definieren, dann gehört zweifelsohne auch zum Erkennen der Gifte, daß man über ihre Ausbreitung in der Biosphäre — und hierbei vorrangig in der Atmosphäre — besser als bisher informiert ist. Da „das Gift“

[1] Karlheinz LOHS, Wolfgang ROLLE, Chem. Techn. **25** (1973), Heft 12, S. 713–718.

nicht etwas Statisches resp. chemisch Stabiles, sondern von der jeweiligen „chemischen Umwelt“ Abhängiges ist, können aus dem Reaktionsvermögen von Giften bzw. Schadstoffen einerseits und andererseits den Reaktionspartnern unter den spezifischen Reaktionsbedingungen Schlüsse gezogen werden, die für die umwelttoxikologische Bewertung von Schadstoffen bedeutungsvoll sind.

Die Vielfalt der Reaktionsmöglichkeiten und die Vielfalt der als Reaktanden in Betracht zu ziehenden chemischen Verbindungen legt es hierbei nahe, anhand von Modellen erst einmal eine Übersicht zu erlangen, die es dann gestattet, an ausgewählten Beispielen verallgemeinerungsfähige Aussagen abzuleiten. Dabei ist es zweckmäßig, Modelle auszuwählen, die hinreichend praxisbezogen und für den Sonderfall auch repräsentativ genug sind. Das hier gewählte Beispiel der Umsetzung nitroser Gase zu den onkologisch überaus bedeutsamen Nitrosaminen erfüllt diese Forderungen und ist zugleich eine gute Demonstration für die Entstehung von Schadstoffen, denen noch vor zwei Jahrzehnten keine Aufmerksamkeit der Toxikologen geschenkt wurde und über die bis heute hinsichtlich ihrer Bildung, ihrer chemischen Wandlung sowie ihres Zerfalls unter den realen Bedingungen der Atmosphäre nur sehr lückenhafte Kenntnisse vorliegen.

Schließlich möchte ich noch darauf hinweisen, daß in der vergangenen Woche am gleichen Ort vor der Klasse Chemie über die wesentlich umfangreicheren Arbeiten der Forschungsstelle für chemische Toxikologie zum Alkylierungsvermögen ausgewählter phosphororganischer Pestizide (gleichfalls im Sinne einer Zwischenbilanz) berichtet worden ist und ein innerer Zusammenhang dieser Untersuchungen mit den nachfolgend darzulegenden insofern besteht, als es sich auch bei den Nitrosaminen um Verbindungen handelt, die auf Grund ihres (hier jedoch „indirekten“) Alkylierungsvermögens biochemisch in extremer Weise aktiv werden können.

Berechnung von Schadstoffkonzentrationen in der Atmosphäre unter Berücksichtigung chemischer Reaktionen: Modellvorstellungen und Beispiele

Zu den wichtigsten Aufgaben der naturwissenschaftlichen Umweltforschung gehört die Berechnung zeitlich und räumlich variabler Konzentrationsfelder in den fluiden Medien der Ökosphäre. Hierbei sind Kenntnisse über Stärke und geometrische Anordnung der primären Emissionsquellen (im Idealfall als „Emissionskataster"), über die Intensität des Transports und der Turbulenz im Medium sowie über das weitere physikalisch-chemische Schicksal der einzelnen Schadstoffkomponenten unbedingt erforderlich [1—6].

Die Ergebnisse der Berechnungen müssen

— der Einschätzung der auf Lebewesen, aber auch auf schutzwürdige Materialien, z. B. Baustoffe, wirkenden Dosen bestimmter Noxen (oder auch der Kombination von Noxen) beim Istzustand dienen. Dies vor allem, wenn — wie oft gerade bei besonders wirksamen, z. B. cancerogenen Spurenstoffen — an den vielen interessierenden Orten aus technischen und/oder ökonomischen Gründen keine kontinuierlichen oder zumindest ausreichend häufige Messungen vorgenommen werden können.
— eine Voraussage der Wirkung von Veränderungen der Emissionsströme gestatten.
— eine Voraussage der Wirkung von Veränderungen der physikalisch-geometrischen und u. U. der biologischen (Bewuchs!) Faktoren im Emissions-Immissions-System ermöglichen.

Weil häufig nichtlineare Effekte auftreten (chemische Vorgänge mit von „Null" bzw. „Eins" abweichender Reaktionsordnung, photochemische und katalytische Prozesse mit ihrer Eigengesetzlichkeit; aber auch nicht proportionale Veränderungen des turbulenten Transportes bei linearer Änderung der Eingangsgrößen), ist eine Extrapolation aus dem chemisch-analytisch erfaßten Istzustand selbst dann mit einem großen, nicht sicher kalkulierbaren Risiko behaftet, wenn sehr viele statistisch gut aufbereitete Meßwerte vorhanden sind.

Das Verhalten emittierter Stoffe wird allgemein durch die Differentialgleichung des dreidimensionalen Transports mit gleichzeitiger Stoffumwandlung, die Kontinuitätsgleichung, beschrieben:

$$u \frac{\partial c_i}{\partial x} + u_y \frac{\partial c_i}{\partial y} + u_z \frac{\partial c_i}{\partial z} + \frac{\partial c_i}{\partial t} \pm \frac{Q_{ij}}{V_{ij}} \pm r_{ij}$$

$$= \frac{\partial}{\partial x}\left(D_x \frac{\partial c_i}{\partial x}\right) + \frac{\partial}{\partial y}\left(D_y \frac{\partial c_i}{\partial y}\right) + \frac{\partial}{\partial z}\left(D_z \frac{\partial c_i}{\partial z}\right) \qquad \text{(I)}$$

Hierbei spielt der relativierbare Begriff „Stoffumwandlung“ oder „Stofferhaltung“ eine wichtige Rolle: Es hängt von der Höhe des allgemeinen Energieniveaus, der An- oder Abwesenheit von Katalysatoren (z. B. für die Zerstörung metastabiler Zustände) und der Verweilzeit im betrachteten System ab, welche Struktureinheiten der Materie als „Stoff“ erhalten bleiben (z. B. „Elementarteilchen“ — Nuklid — Atom — stabile chemische komplexe Struktur — labile ch.k.S. — biologisch spezifisch aktive S.). Um Umwandlungsprozesse in dem hier besprochenen Sinn mathematisch beschreiben zu können, sind also jeweils noch Vereinbarungen darüber zu treffen, welche Struktureinheiten dem Erhaltungssatz gehorchen sollen bzw. welche in den Term der chemischen Reaktionen einzubeziehen sind. Diese Entscheidung kann im konkreten Fall meist verhältnismäßig eindeutig erfolgen.

Die Behandlung von (I) ist nur bei Vorgabe bestimmter, dem Problem weitgehend angepaßter Anfangs- und Randbedingungen sinnvoll. Die exakte Integration unter primärer Einbeziehung chemischer Umwandlungen ist unanschaulich, in der Praxis schwer handhabbar und erfordert einen großen mathematischen und rechentechnischen Aufwand. Lösungen, zunächst unter Vernachlässigung des Reaktionsterms, die durch Einfügung empirischer bzw. halbempirischer Anteile als geschlossene „Formeln“ von vielen Autoren angegeben worden sind, lassen das Problem für die praktische Anwendung überschaubarer erscheinen. Im Rahmen des in der Forschungsstelle für chemische Toxikologie langfristig zu bearbeitenden Themas „chemisch-toxikologische Untersuchungen an industriellen Schadstoffen“ ergibt sich die Aufgabe, aus den sich anbietenden Näherungslösungen solche Varianten auszuwählen, die den Bedürfnissen der Praxis nach Anschaulichkeit, Anpassungsfähigkeit und flexibel gestaltbarem Rechenaufwand entsprechen, ohne daß durch eine zu grobe Vereinfachung die Präzision der Aussage unter ein zulässiges Maß sinkt. Bei solchen Überlegungen ist von vornherein immer mit zu beachten, daß nie alle Komponenten und (katalytischen!?) Vorgänge im Reaktionssystem wirklich bekannt sind und somit selbst die Anwendung mathematisch optimaler Berechnungsmethoden letztlich nicht zwangsläufig auch optimale Resultate liefern muß.

Das anzustrebende Niveau der Genauigkeit der Ergebnisse wird vor allem durch den Grad der Kenntnisse über die Dosis-Wirkungsbeziehungen zwischen den Noxen und dem Rezeptor bestimmt.

In einigen Fällen sind aus Tierversuchen, aber auch aus epidemiologischer sowie land- und forstwirtschaftlicher Erfahrung, aus Studien über Korrosionsvorgänge u. ä. die Gesetzmäßigkeiten zufriedenstellend bekannt, und die Forschung auf diesem Gebiet ist intensiv [7—10, 30]. Es muß aber erwähnt werden, daß auch noch prinzipielle Unklarheiten bestehen, so z. B. über die Existenz oder Nichtexistenz einer Schwellendosis genotoxischer (z. B. cancerogener) Schadstoffe (Summationsgifte) und bei den noch sehr unsicheren Aussagen über verzögerte psycho- und neurotoxische Effekte. Wenig bekannt sind auch die quantitativen Zusammenhänge im Problemkreis der Auslösung von Allergien durch chemische Einflüsse. Die Beziehungen weichen aber sicher von den klassischen toxikologischen Gesetzen ab.

In den folgenden Ausführungen werden einige Ideen und Ergebnisse vorgestellt, die einen Einblick in die Arbeit der Gruppe „Modellierung" der Forschungsstelle für chemische Toxikologie geben sollen. Als Grundlage der gegenwärtigen Studien wurde eine Kombination aus den Modellvorstellungen über die physikalischen Ausbreitungsvorgänge in der Atmosphäre (klassische Ausbreitungsrechnung der Meteorologie) und den Vorstellungen und Rechenschemata zur Behandlung idealisierter Reaktor-Grundtypen, die in der chemischen Verfahrenstechnik üblich sind [11—14], gewählt. Die Arbeitsweise besteht darin, daß Berechnungen chemischer Ausbeuten in Reaktoren vorgenommen werden, deren hier fiktive Wände während der Dauer der jeweils simulierten Situation als undurchlässig oder nur für bestimmte, genau definierte Stoff- oder Energieströme durchlässig betrachtet werden. Die geometrischen Dimensionen der Reaktoren werden unter Anwendung der explizit angegebenen Formeln der Ausbreitungsrechnung für einen bestimmten Satz meteorologischer Faktoren (Windgeschwindigkeit, Strahlung, Vermischungshöhe u. a.; Abb. 1 zeigt ein einfaches Schema zur Bestimmung von Turbulenzklassen der Atmosphäre, das zu einer ersten Orientierung geeignet ist), gegebenenfalls unter Einbeziehung orographischer oder thermischer (Städte als Hitzeinseln) Besonderheiten, die z. B. zur Ausbildung stationärer Wirbel führen können, festgelegt. In Abb. 2 sind wichtige Gleichungen der Ausbreitungsrechnung angegeben, mit denen die hier vorgelegten Ergebnisse erhalten wurden.

Den Reaktionsvolumina werden, der jeweiligen Situation und Zielstellung entsprechend, die idealen Eigenschaften des Rohrreaktors (Abb. 3) oder des gleichmäßig durchströmten idealen Rührkessels (= idealer Rückvermischer) (Abb. 4) zugeschrieben. Die Produktströme durch die Reaktoren sind durch die

Quellstärken und die im betrachteten Zeitraum als annähernd konstant betrachtete mittlere Windgeschwindigkeit definiert. Die chemischen Vorgänge in den idealen Reaktoren können, wie in den Abb. 3 und 4 angedeutet, beschrie-

u in m/sec	Tag Sonnenstrahlung stark	mäßig	gering	Nacht Bedeckung ≥4/8	<4/8
<2	A	A—B	B		
2—3	A—B	B	C	E	F
3—5	B	B—C	C	D	E
5—6	C	C—D	D	D	D
>6	C	D	D	D	D

Turbulenztypen (nach PASQUILL-

A extrem instabil
B mäßig instabil
C schwach instabil
D neutral
E leicht stabil
F mäßig stabil

Abb. 1 Schema zur Klassifizierung der atmosphärischen Stabilität

$$\boxed{\chi = A \cdot B \cdot C\,(E_1 + E_2)} \qquad A = \frac{Q}{2\pi \bar{u}\, \sigma_y \sigma_z}$$

$$B \begin{cases} = \exp\left[-\frac{kx}{\bar{u}}\right] & \text{(Rohr)} \\ = \dfrac{1}{1+\frac{kx}{\bar{u}}} & \text{(1 Kessel)} \end{cases} \qquad \text{Rkt. 1. Ordnung}$$

$$C = \exp\left[-\frac{1}{2}\left(\frac{y}{\sigma_y}\right)^2\right]$$

$$E_1 \begin{cases} = \sum_n \exp\left[-\left(\frac{h-z-Rx}{2H}+n\right)^2 \frac{2H^2}{\sigma_z^2}\right] & \text{Sperrschicht in Höhe H über Grund} \\ = \exp\left[-\frac{1}{2}\left(\frac{h-z-Rx}{\sigma_z}\right)^2\right] & \text{ohne Inversion} \end{cases}$$

$$E_2 \begin{cases} = S \cdot \sum_n \exp\left[-\left(\frac{h+z+Rx}{2H}+n\right)^2 \frac{2H^2}{\sigma_z^2}\right] & \text{Sperrschicht} \\ = S \cdot \exp\left[-\frac{1}{2}\left(\frac{h+z+Rx}{\sigma_z}\right)^2\right] & \text{ohne Inversion} \end{cases}$$

$$\begin{matrix} \ln \sigma_y = a_0 + a_1 \ln x + a_2 \ln^2 x & & \sigma_y = F \cdot x^f \\ & \text{ODER} & \\ \ln \sigma_z = b_0 + b_1 \ln x + b_2 \ln^2 x & & \sigma_z = G \cdot x^g \end{matrix}$$

Abb. 2 Wichtige Formeln der Ausbreitungsrechnung

ben werden. Eine entsprechende mathematische Behandlung der Differential- bzw. Bilanzgleichungen — in geschlossener Form oder durch Näherungs- und Iterationsverfahren — liefert die aus den Reaktoren austretenden Stoffströme

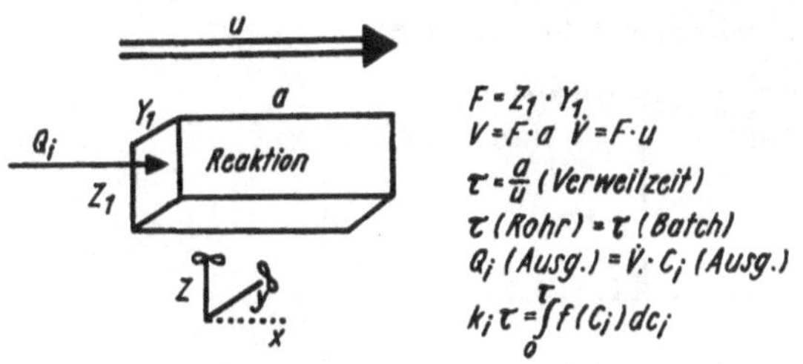

Abb. 3 Die wichtigsten Eigenschaften des idealen Rohrreaktors

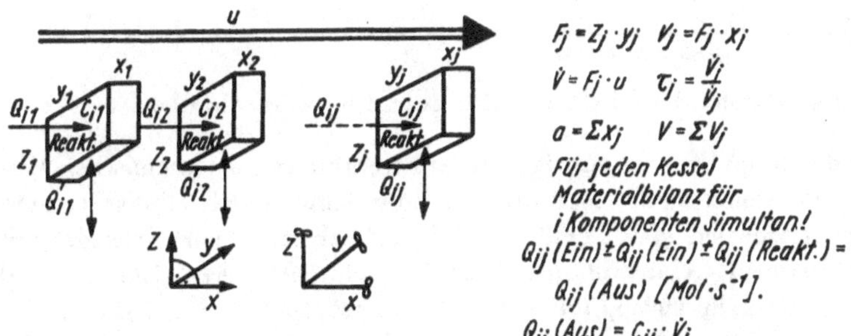

Abb. 4 Die wichtigsten Eigenschaften einer Folge idealer Rührkesselreaktoren

und Konzentrationen. Das Verfahren der Unterteilung des Raumes in ein Netzwerk einzelner, durch Produktströme verknüpfter, hintereinander und/ oder parallel angeordneter Volumenelemente mit jeweils angebbaren Eigenschaften kann für einen einzelnen Schadstoffstrom, aber auch für mehrere, sich durchdringende Schadstoffströme ausgeführt werden. Abb. 5 zeigt die stark schematisierte Darstellung zwei sich überlagernder Rauchfahnen bei verschiedener atmosphärischer Turbulenz.

Das Vorgehen ist zweifellos zunächst willkürlich, und eine Vorschrift für eine Begrenzung und Beendigung des Unterteilungsvorganges scheint schwierig auffindbar zu sein. Bei der praktischen Durchführung erweist es sich aber, daß zwei Tatsachen die Entscheidungs- und Auswahlprozesse wesentlich erleichtern: Einmal zeigt die Betrachtung der Konturen der nach den Formeln in Abb. 2 berechneten Schadstoffströme in Form von Isoplethen, d. h. Kurven gleicher Konzentration, daß oft scharfe Konzentrationssprünge über mehrere Größenordnungen auftreten (den Flanken der Gaussschen Glockenkurve entsprechend), die Luftmassen mit einem hohen Anteil an reaktiver Substanz von solchen geringer Konzentration deutlich trennen (dieser Effekt wird besonders eindrucksvoll, wenn Reaktionen höherer Ordnung, bei denen z. B. das Produkt von Konzentrationen wirksam wird, betrachtet werden).

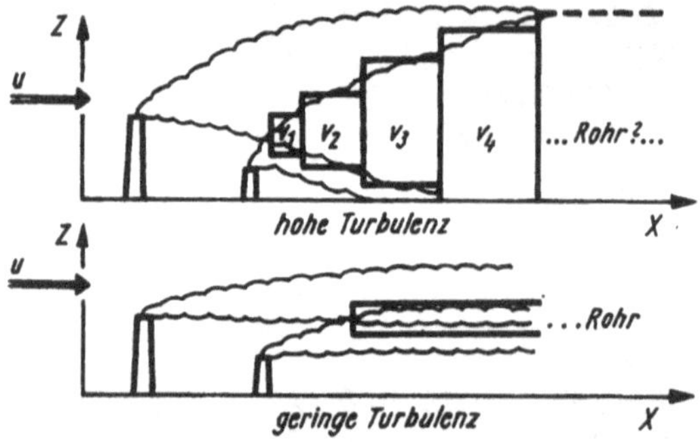

Abb. 5 **Stark schematische Darstellung sich durchdringender Abgasfahnen**

Zum anderen, und das ist aus den Modellberechnungen der chemischen Verfahrenstechnik wohlbekannt, läßt sich ein Rohrreaktor durch Hintereinanderschalten vieler idealer, gleich großer Rührkesselreaktoren (eine Kaskade) mit insgesamt gleichem Gesamtvolumen beliebig genau simulieren. Entsprechend kann der Umsatz in vielen, hintereinander angeordneten, annähernd gleich großen idealen Rührkesseln durch einen einzigen Ausdruck, die Lösung der Differentialgleichung des Umsatzes im Reaktionsrohr in der entsprechenden Verweilzeit, angegeben werden. Der Umsatzgrad ändert sich zwischen den Grenzen Rohr — (Kaskade) — ein Kessel. Tab. 1 zeigt an dem im späteren Text erläuterten, kinetisch komplizierten Reaktionsbeispiel 3 eindrucksvoll diesen Zusammenhang. Die Berechnung der Grenzfälle liefert bei Einhaltung gewisser Randbedingungen (der zu untersuchende Reaktionsraum darf nicht so groß oder so inhomogen sein, daß eine Zerlegung in gleich große Kessel unzulässig wird) mit geringem Aufwand Schranken, zwischen denen in einer gegebenen, realen oder angenommenen Situation der Umsatz bzw. die Schadstoffkonzentration zu erwarten ist. Durch Kombination der Kenntnisse über diese Schranken, über die Stabilität oder relative Häufigkeit der simulierten Umweltsituation [15] und über die Dosis-Wirkungsbeziehungen kann eingeschätzt werden, ob eine weitere Unterteilung des Reaktionsraumes bzw. eine veränderte Klassifizierung der Volumenelemente einen wesentlichen Erkenntniszuwachs verspricht, oder ob — und das wird oft eintreten — bereits eine hinreichende Antwort auf die Fragestellung erhalten wurde.

Die angestellten Überlegungen setzen voraus, daß die chemisch-kinetischen Vorgänge im System formal hinreichend genau bekannt sind. Auf die Problematik dieser Vorgabe kann hier nicht eingegangen werden. Der Hinweis, daß

Tabelle 1

Einteilung Reaktionsraum	Q^1 (AH)	u	$q_{AH}{}^1$	$C_{ANO}{}^1$
1 Rohr	5 (−2)[1]	0,1	78,7	1,97 (−6)
1 Kessel			59,8	1,49 (−6)
3 gleiche Kessel			71,0	1,77 (−6)
10 gleiche Kessel			76,3	1,91 (−6)
1 Rohr	5 (−1)	1,0	0,187	4,68 (−9)
1 Kessel			0,167	4,67 (−9)
3 gleiche Kessel			0,187	4,68 (−9)

Reaktion 3
Q (NO) = Q (NO_2) = 0,5
V (gesamt) = 6 (9)
F = 2 (5)

[1] AH = Amin.
ANO = Nitrosamin.
5 (−2) = $5 \cdot 10^{-2}$ (auch in allen anderen Tabellen!).

die Forschungsgruppe „Modellierung" einen wesentlichen Teil ihrer Aktivität für die Bereitstellung solcher chemischer Kenngrößen aus der Literatur und/oder aus eigenen Laborexperimenten aufwenden muß, soll an dieser Stelle genügen.

In Abb. 6 sind die vorgetragenen Gedankengänge noch einmal schematisch zusammengefaßt.

Zum Zusammenhang zwischen der experimentell ermittelten Verweilzeitverteilung in einem wenig bekannten, unübersichtlichen System und dem Umsatz bei verschiedenen Reaktionsordnungen und zur Frage der Reaktionsbeeinflussung durch Segregation („Getrenntfluß") muß auf die Literatur verwiesen werden [11—14, 16]. Hier sei nur angemerkt, daß die angegebene Konzeption der Berechnung oberer und unterer Schranken des Umsatzes bei Anwendung der empirischen Verweilzeitverteilung und eines geschätzten Segregationsgrades ebenfalls angewandt und für toxikologisch-umwelthygienische Aussagen genutzt werden kann.

Die Umwandlungen primär emittierter Stoffe können zu einer Verstärkung, zu einer Veränderung oder auch zu einer Abschwächung der Schadwirkung führen. In den Abb. 7 bis 9 sind einige Beispiele physikalischer, chemischer und photochemischer toxizitätswandelnder Metabolisierungsprozesse dargestellt [17].

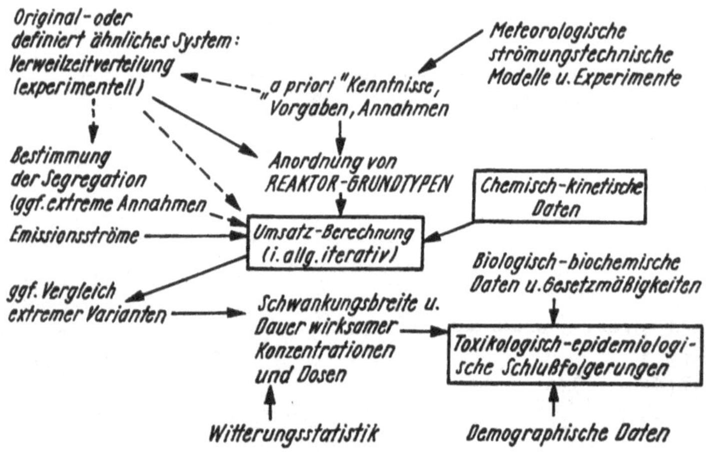

Abb. 6 Zusammenhänge im System der Berechnung und Auswertung atmosphärisch-chemischer Vorgänge

Physikalische Prozesse:

Giftung: Aerosolwachstum
Wandel: Natürliche radioaktive Zerfallsreihen

Entgiftung: rain out
wash out
Sedimentation

Abb. 7 Toxizitätswandelnde Prozesse in der Atmosphäre

Chemische Prozesse:

Giftung: $2\, R_2NH + NO + NO_2 \longrightarrow 2\, R_2N{-}NO$

Wandel: $SO_2 + H_2O + \frac{1}{2}\, O_2 \longrightarrow H_2SO_4$-AEROSOL

Entgiftung: $R{-}NCO \xrightarrow[+NH_3]{+H_2O}$ Harnstoffe

Abb. 8

Neben den nach der Emission spontan ablaufenden Vorgängen verdienen in neuesten Publikationen entwickelte Vorstellungen darüber, wie durch gezielte Dosierung bestimmter Chemikalien in kritische Bereiche der Atmosphäre

Photochemische Prozesse:

Giftung: $\left.\begin{array}{c} R-CH=CH_2 \\ + \\ O_2 \\ + \\ NO \end{array}\right\} \xrightarrow{h\nu}$ Photochem. Smog. (O_3, PAN, ...)

Wandel: DDT $\xrightarrow{h\nu}$ PCB (Polychlorbiphenyle)

Entgiftung: 1,4-Benzpyren $\xrightarrow{h\nu}$ nicht kanzerogene Abbauprodukte

Abb. 9

schädliche Prozesse verhindert werden können (z. B. bis jetzt allerdings noch hypothetische Vorschläge zur Bekämpfung des photochemischen Smogs [18]) besondere Beachtung.

Im folgenden Abschnitt sind Ergebnisse von Berechnungen nach einem in der Forschungsgruppe „Modellierung" entwickelten und in Erprobung befindlichen Verfahren angegeben, die einen Eindruck vom Ablauf atmosphärisch-chemischer Reaktionen unter bestimmten Randbedingungen vermitteln sollen. Die Quellstärken entsprechen der Praxis. Es wurden Wettersituationen angenommen, die im Jahresmittel mit erheblichen Wahrscheinlichkeiten zu erwarten sind:

Situation 1 (stabile Atmosphäre): Januar, Mitternacht, $u_0 \leq 2{,}5$ m/s, Gesamtbedeckung $^2/_8$, gute Sicht, Schneedecke. Es ergeben sich die Ausbreitungsklassen 1 nach Uhlig, Mohry, Lehmann und Kahl [19], im folgenden Text mit MO1 bezeichnet bzw. I nach Klug/Manier [15] mit der Kurzbezeichnung KMI.

Situation 2 (indifferente Atmosphäre): Januar, Mittag, u_0 beliebig, Gesamtbedeckung $^8/_8$, sehr schlechte Sicht. Es ergibt sich MO4 bzw. KM III/2.

Kaminüberhöhungen wurden, falls erforderlich, nach [19] berechnet.

Die Entfernung a in x-Richtung von 30 km, die in den Beispielen eine gewisse Vorzugsstellung besitzt, entspricht ungefähr dem Abstand zwischen der Stadt Leipzig und den sie umgebenden Großbetrieben.

Der Gesamtreaktionsraum wird nach folgender formaler Vorschrift in Teilreaktionsräume gegliedert:

Schritt 1: Für die angenommenen meteorologischen Bedingungen und die entsprechende Quellhöhe werden die Konzentrationsmaxima für rein physikalische Ausbreitung im Immissionsfeld c (Max) = c (x.z,y = o) berechnet.

Schritt 2: Für c (Grenz) = 0,2 c (Max) werden als Funktion von x die Werte y (Grenz) und z (Grenz) berechnet, die die Konzentrationen $\geq$ c (Grenz) umschließen. Durch die so definierten elliptischen Flächen oder elliptischen Teilflächen F (x) fließen, den Eigenschaften der Gauss-Verteilung entsprechend, jeweils ungefähr 80% des ausströmenden Schadstoffes [20].

Schritt 3: Die Flächen der Ellipsen F (x) werden in einem doppelt logarithmischen Koordinatensystem gegen x aufgetragen. Es zeigt sich, daß über weite Bereiche eine lineare Beziehung $\ln F(x) = const_1 + const_2 \ln x$ besteht, wodurch die Anzahl der zu berechnenden F (x)-Werte relativ gering bleiben kann. Die Strecke a auf der x-Achse wird in Teilstrecken x_j eingeteilt, die zweckmäßigerweise ungefähr logarithmisch äquidistant gewählt werden. Das geometrische Mittel zwischen den jeweiligen Intervallgrenzen wird berechnet, und der zugehörige Wert von F (x) wird bestimmt (Tab. 2 und 3).

Schritt 4: Die Wertepaare (F (x_j); x_j) entsprechen im Modell wahlweise jeweils einem Reaktionsrohr oder einem Rührkessel. Für diese Elemente werden die entsprechenden Umsatzberechnungen ausgeführt, und die Ergebnisse werden in geeigneter Weise, z. B. durch Addition der die Teilreaktoren verlassenden Produktströme, zusammengefaßt.

Tabelle 2

Intervall	x_j	MO 1 $F(x_j)$	KM I	MO 4	KM III/2
1 (2) – 5 (2)	2,24 (2)	7,10 (2)	2,80 (2)	3,10 (3)	1,85 (3)
5 (2) – 2 (3)	1,00 (3)	3,10 (3)	1,14 (3)	2,20 (4)	1,90 (4)
2 (3) – 1 (4)	4,47 (3)	1,35 (4)	7,50 (3)	1,55 (5)	2,10 (5)
1 (4) – 3 (4)	1,73 (4)	4,40 (4)	3,30 (4)	9,00 (5)	2,00 (6)

$h_B = 50$, $W = 0$, $u = 1$.

Tabelle 3

Intervall	x_j	MO 1 $F(x_j)$	MO 4
1 (2) – 5 (2)	2,24 (2)	8,30 (2)	3,60 (3)
5 (2) – 2 (3)	1,00 (3)	3,20 (3)	2,80 (4)
2 (3) – 1 (4)	4,47 (3)	1,33 (4)	1,85 (5)
1 (4) – 3 (4)	1,73 (4)	3,60 (4)	1,00 (6)

$h_B = 50$, $W = 5$, $u_0 = 1$.

Die Arbeitsweise kann sinngemäß auch für die Konzentrationsfelder sich überlagernder Rauchfahnen angewandt werden.

Eine sehr häufige Situation ist das Ausströmen eines potentiellen Schadstoffes in eine Atmosphäre, die den oder die Reaktionspartner bereits in homogener Verteilung enthält. In diesem Fall hängt es von den Reaktionsgeschwindigkeiten und den Anfangskonzentrationen der Reaktanden ab, wie das Modell zu gestalten ist.

Da das Rechnen mit einzelnen, für sich simulierbaren Volumenelementen zusätzliche Querströme Q_{ij}' ausdrücklich erlaubt, treten weder begriffliche noch wesentliche zusätzliche rechentechnische Schwierigkeiten auf.

Als Modellreaktionen (die als irreversibel betrachtet werden) zur Demonstration der Arbeitsweise und der Wirkung der Parameter wurden zwei in der Umwelt sehr wichtige Vorgänge ausgewählt:

Reaktion 1: Der Abbau von Schwefeldioxid SO_2 zu Sekundärprodukten, der nach Literaturangaben als eine Reaktion von pseudo-erster Ordnung mit einer globalen Geschwindigkeitskonstante von $k = 10^{-5}\ s^{-1}$ ablaufen soll [21]. Nimmt man zu Vergleichszwecken grob vereinfachend an, daß aus dem SO_2 ausschließlich Schwefelsäure-Aerosol entsteht, dann kann der Vorgang als eine Giftungsreaktion mit einer molaren Giftungszahl — definierbar als Quotient aus den MIK-Werten von Produkt und Ausgangsstoff oder durch ähnliche Beziehungen — von ungefähr 15 betrachtet werden.

Reaktion 2: Die Oxydation von Stickstoffmonoxid NO zu Stickstoffdioxid NO_2 durch Luftsauerstoff, die unter Ausschluß katalytischer und photochemischer Effekte in der Atmosphäre als Reaktion pseudo-zweiter Ordnung proportional dem Quadrat der NO-Konzentration mit $k_1 = 0{,}15\ m^3/Mol \cdot s$ abläuft (molarer Giftungsfaktor 3,5).

Wesentlich schwieriger als bei einfachen Reaktionen ist die Berechnung des Umsatzes in den idealen Volumenelementen für gekoppelte bzw. simultane Reaktionen. Als Beispiel hierfür sei die Bildung von cancerogenen N-Nitrosaminen aus sekundärem Amin, NO und NO_2 (Reaktion 3) erwähnt. Der Giftungsfaktor ist hier als „sehr groß" anzugeben, denn es wird eine in ihrer Gesamtwirkung sehr gefährliche Substanz (zur Begründung einer kritischen Konzentration von 10^{-8} bis 10^{-9} Mol/m^3 vgl. [22]) aus „vergleichsweise harmlosen" Ausgangsstoffen gebildet. Als vorläufiges Modell der Gasphasenreaktion (sowohl Reaktionsschema als auch angenommene Geschwindigkeitskonstante sind nur plausible Schätzungen; die Reaktion wird in der Gruppe Modellierung näher untersucht) wird eine Kopplung der oben erwähnten Umwandlung von (primär vornehmlich emittiertem!) NO zu NO_2 (Reaktion 2) mit einer Umsetzung 3. Ordnung (proportional den Konzentrationen von Amin, NO, NO_2) postuliert [22, 23]. Diese Annahme führt im Fall des Rührkesselreaktors zu einer algebraischen Gleichung 5. Grades, deren eine reelle Wurzel die entscheidende Größe bei der Behandlung der simultanen Bilanzen ist. Das System der Differentialgleichungen bei der Behandlung des Rohrreaktors wurde über eine Potenzreihenentwicklung integriert [23]. Trotz gewisser Schwierigkeiten ist in Anbetracht der Leistungsfähigkeit moderner Rechenautomaten [24] keine prinzipielle Grenze für die Anwendung der Iterations- und Näherungsverfahren im Rahmen des vorgestellten anschaulichen Konzeptes vorhanden [25].

Anhand von Modellrechnungen für die Reaktionen 1, 2 und 3 sollen nun einige, für das Verhalten chemisch reagierender Luftverunreinigungen charakteristische Regeln und Gesetzmäßigkeiten demonstriert werden:

— Es treten ausgeprägte, für Produkt, verbleibenden Ausgangsstoff und die Summe von Produkt und Ausgangsstoff (das Prinzip der Stofferhaltung muß hier sinnvoll angewandt werden) in x-Richtung gegeneinander verschobene Bodenmaxima ($z = 0$) auf. Unter Verwendung der molaren Giftungsfaktoren (oder auch Entgiftungsfaktoren) lassen sich Schadwirkungskurven konstruieren. Die Beeinflussung der Bodenmaxima von Ausgangsstoff und Reaktionsprodukt durch die Windgeschwindigkeit und die damit zusammenhängende Kaminüberhöhung ist schon bei Reaktionen 1. Ordnung komplex. Höhere Windgeschwindigkeiten können die maximalen Konzentrationen bei $z = o$ erhöhen oder erniedrigen, je nach Auftrieb des Abgases (innerhalb gewisser Grenzen proportional zu $\sqrt{W}$) und Bauhöhe der Quelle (Tab. 4 und 5).

— Auf der Bahn der Punkte des maximalen primären Schadstoffstromes P ($x, z_{max}, y = 0$), der „Rauchfahnenachse“, können sich Konzentrationsmaxima von Reaktionsprodukten ausbilden, die durch die Dispersion während des weiteren Transportes wieder abgebaut werden (Tab. 6 und 7). Meist überwiegt allerdings die turbulente Bewegung vom Anfangspunkt der Berechnungen an ($x = 100$, vgl. [26]), so daß trotz der ständig wachsenden Reaktionszeit und damit stetig steigendem Gesamtumsatzgrad q die Konzentration der Reaktionsprodukte mit zunehmender Quelldistanz absinkt [27]. Dies ist naturgemäß bei einfachen Reaktionen höherer Ordnung besonders ausgeprägt. Gekoppelte Reaktionssysteme zeigen ein verwickeltes Verhalten.

— Es ist für überschaubare Reaktionen immer möglich, Berechnungen über den Effekt eines Überganges von einem Reaktionsrohr zu einem Reaktionskessel oder einer Kaskade aus gleich großen Kesseln gleichen Gesamtvolumens vorzunehmen: Unter den angenommenen Bedingungen gilt z. B.

Tabelle 4

		Maximalwerte von c SO_2 + „Sulfat"		SO_2		„Sulfat"		Wirkung[1]	
h_B	u_0	x	c	x	c	x	c	x	c
50	0,25	1,35 (5)	3,94 (−6)	6 (4)	1,28 (−6)	1,8 (5)	3,45 (−6)	1,8 (5)	5,21 (−5)
50	0,5	9,0 (4)	3,90 (−6)	5,5 (4)	2,12 (−6)	1,7 (5)	2,63 (−6)	1,5 (5)	4,04 (−5)
50	1,0	3,5 (4)	4,84 (−6)	3 (4)	4,20 (−6)	1,6 (5)	1,28 (−6)	1,2 (5)	2,07 (−5)
50	2,23	2 (4)	5,34 (−6)	2 (4)	5,09 (−6)	1,5 (5)	4,91 (−7)	4 (4)	9,39 (−6)
100	1,0	7 (4)	2,27 (−6)	5 (4)	1,82 (−6)	2 (5)	8,31 (−7)	1,5 (5)	2,57 (−5)
150	1,0	1 (5)	1,06 (−6)	1 (5)	7,60 (−7)	3 (5)	5,28 (−7)	3 (5)	8,22 (−6)
200	0,25	4,1 (5)	1,03 (−6)	1,41 (5)	1,26 (−7)	4,35 (5)	1,02 (−6)	4,4 (5)	1,53 (−5)
200	0,5	2,6 (5)	9,21 (−7)	1,31 (5)	3,27 (−7)	3,9 (5)	7,87 (−7)	3,9 (5)	1,19 (−5)
200	1,0	2 (5)	5,89 (−7)	1,5 (5)	3,60 (−7)	4,5 (5)	3,53 (−7)	4,5 (5)	5,43 (−6)
200	2,23	1,8 (5)	3,18 (−7)	1,6 (5)	2,53 (−7)	6,1 (5)	1,14 (−7)	5,3 (5)	1,81 (−6)

Reaktion 1, MO 1, W = 5, Q = 1, Rohrreaktor.

[1] c (Wirkung) = c_{SO_2} + 15 c („Sulfat") am gleichen Ort.

Werte bei geringem u teilweise fiktiv, da Stabilität der Wetterlage unwahrscheinlich.

Tabelle 5

		Maximalwerte von c							
		SO_2 + „Sulfat"		SO_2		„Sulfat"		Wirkung[1]	
h_B	u_0	x	c	x	c	x	c	x	c
50	0,50	6,8 (3)	2,92 (−6)	6,5 (3)	2,72 (−6)	1,4 (4)	2,82 (−7)	9 (3)	6,32 (−6)
50	1,0	3 (3)	4,29 (−6)	3 (3)	4,22 (−6)	7 (3)	1,04 (−7)	3,5 (3)	5,40 (−6)
50	2,23	1,6 (3)	6,07 (−6)	1,4 (3)	5,98 (−6)	3,5 (3)	3,84 (−8)	1,6 (3)	6,47 (−6)
50	5	1 (3)	5,98 (−6)	1 (3)	5,97 (−6)	2,2 (3)	1,16 (−8)	1 (3)	6,09 (−6)
50	10	7,5 (2)	4,54 (−6)	7,5 (2)	4,54 (−6)	1,8 (3)	3,59 (−9)	7,5 (2)	4,58 (−6)
100	1,0	3,9 (3)	3,10 (−6)	3,9 (3)	3,04 (−6)	8,5 (3)	8,77 (−8)	4 (3)	4,02 (−6)
150	1,0	5,1 (3)	1,92 (−6)	5,1 (3)	1,87 (−6)	1,2 (4)	6,78 (−8)	6 (3)	2,66 (−6)
200	0,5	8,8 (3)	1,68 (−6)	8,5 (3)	1,54 (−6)	1,8 (4)	1,84 (−7)	1,2 (4)	3,92 (−6)
200	1,0	6,2 (3)	1,42 (−6)	6,1 (3)	1,37 (−6)	1,5 (4)	5,74 (−8)	7 (3)	2,05 (−6)
200	2,23	4,9 (3)	9,55 (−7)	4,8 (3)	9,44 (−7)	1,1 (4)	1,47 (−8)	5 (3)	1,11 (−6)

Reaktion 1, MO 4, W = 5, Q = 1, Rohrreaktor.

[1] c (Wirkung) = c_{SO_2} + 15c („Sulfat") am gleichen Ort.

Wert bei geringem u teilweise fiktiv da Stabilität der Wetterlage unwahrscheinlich.

für Reaktion 1 $(q_{Rohr}/q_{Kessel})_{max} \approx 1{,}3$ bei $q_{Kessel} \approx 64$ und für Reaktion 2 $(q_{Rohr}/q_{Kessel})_{max} \approx 1{,}33$ bei $q_{Kessel} \approx 50$. Die Übertragung auf Systeme von Rohren und Kesseln verschiedener Größe erfordert in jedem Fall spezielle Überlegungen.

Tabelle 6

x	MO 1 h = 105 c („Sulfat")	MO 4 h = 175 c („Sulfat")
1 (2)	4,47 (−6)	1,45 (−6)
2 (2)	4,60 (−6)	1,08 (−6)
5 (2)	4,77 (−6)	7,22 (−7)
1 (3)	4,94 (−6)	5,33 (−7)
2 (3)	5,01 (−6)	
5 (3)	5,13 (−6)	
1 (4)	5,14 (−6)[1]	
2 (4)	5,05 (−6)	
3 (4)	4,92 (−6)	kein Maximum

[1] Maximum auf der „Rauchfahnenachse" $(h \geq z \geq 0)$.
Reaktion 1, Q = 1, u = 1.

— Die Konturen einer nicht durch Sperrschichten (Inversion oder Erdboden) behinderten Rauchfahne oder Abgaswolke werden bei gegebener Turbulenz durch eine infolge der Kaminüberhöhung vergrößerte Quellhöhe wenig verändert [28]. Eine Änderung des Umsatzgrades im Produktstrom ergibt sich bei auftriebsstarken Quellen aber durch die positive Höhenabhängigkeit des Windfeldes (im Rahmen der hier vorgelegten Untersuchungen nach [19] berechnet), wodurch die Verweilzeit deutlich vermindert werden kann. Hier zeigt sich eine interessante Doppelfunktion einer Erhöhung des Auftriebes bei gleichbleibender Bauhöhe und Quellstärke (oder bei unverändertem Auftrieb und gleicher Quellstärke bei größerer Bauhöhe): Liegt eine Giftungsreaktion vor, dann wird die Schadwirkung am Boden durch die verstärkte Dispersion (bzw. durch die größere Entfernung, in der die Abgasfahne den Boden erreicht) und die relativ verkürzte Verweilzeit vermindert. Im Falle einer Entgiftungsreaktion ist die Wirkung unklar, aber rechnerisch nach den hier aufgezeigten Prinzipien erfaßbar.

- Im Gegensatz zu den Verhältnissen bei Reaktionen erster Ordnung wird bei Reaktionen höherer Ordnung der relative Umsatz q bei Konstanthaltung aller anderen Faktoren (W = 0) durch die absolute Quellstärke beeinflußt (Tab. 8).

Tabelle 7

(8 Volumina) Intervall	x_j	MO 1 h = 105 $F(x_j)$	u = 2,22 c_{NO_2}	MO 4 h = 175 $F(x_j)$	u = 1,78 c_{NO_2}
1 (2)–1,5 (2)	122	4,6 (2)	7,97 (–7)	1,6 (3)	1,31 (–7)
1,5 (2)–2 (2)	173	6,5 (2)	9,63 (–7)	2,5 (3)	1,37 (–7)[1]
2 (2)–2,5 (2)	224	8,2 (2)	1,01 (–6)	3,7 (3)	1,17 (–7)
2,5 (2)–3 (2)	274	9,7 (2)	1,03 (–6)[1]	4,9 (3)	1,02 (–7)
3 (2)–3,5 (2)	324	1,15 (3)	9,95 (–7)	6,4 (3)	8,61 (–8)
3,5 (2)–4 (2)	374	1,3 (3)	9,79 (–7)	7,6 (3)	7,84 (–8)
4 (2)–4,5 (2)	424	1,45 (3)	9,59 (–7)	9,1 (3)	6,94 (–8)
4,5 (2)–5 (2)	474	1,6 (3)	9,33 (–7)	1,08 (4)	6,11 (–8)

[1] Maximum auf der „Rauchfahnenachse" ($z \approx h$).
Reaktion 2, Q = 0,5, vgl. Tab. 3.

- Für den Rezeptorpunkt bei a = 30 km, also eine recht große Quelldistanz, gelingt es nicht, durch Berechnung des Umsatzes in einem Volumenelement (Rohr oder Kessel) eine brauchbare Schätzung für den Umsatz in dem der Realität besser angepaßten System aus vier verschieden großen Elementen zu finden. Der Übergang von vier zu acht Elementen (Tab. 8 zeigt ein Beispiel) ändert q nur noch wenig. Bei geringerer Gesamtausdehnung des Systems werden die Verhältnisse günstiger.

Auf die Wiedergabe der Ergebnisse der vielen vorgenommenen Beispielrechnungen wird verzichtet, da insgesamt noch kein klares Bild zu erkennen ist.

Die allgemeine Gültigkeit der besprochenen Zusammenhänge und Gesetzmäßigkeiten wird durch die innere Struktur der mathematischen Beziehungen geprägt, und sie ist unabhängig von der Wahl der speziellen Parameter und Konstanten. In diesem Sinn spiegeln die vorgestellten willkürlichen Modellbeispiele einen Teil der realen Bedingungen wider, ohne daß damit eine Aussage über die für den konkreten Fall zu fordernde „Richtigkeit" der zahlenmäßigen Ergebnisse verbunden ist.

Das entwickelte anschauliche Konzept in der hier aufgeführten Form ist besonders geeignet

— das Verhalten eines selten in größeren Mengen auftretenden Schadstoffes aus einer Einzelquelle zu beschreiben (z. B. sekundäres Amin);
— bei ubiquitären Stoffen (SO_2, NO_x) den Einfluß einer Veränderung an einer dominierend starken Einzelquelle auf das gesamte Immissionsfeld zu analysieren;

Tabelle 8

	Q (NO)	u_0	u[3]	W	4 Rohre[1] q_{NO}	c_{NO_2}	4 Kessel[1] q_{NO}	c_{NO_2}
MO 1	0,05		0,1	0	61,6	7,70 (−6)	56,6	7,07 (−6)
MO 1[2]	0,05		0,1	0	59,7	6,49 (−6)	57,0	6,19 (−6)
KM I	0,05		0,1	0	76,8	1,16 (−5)	70,4	1,07 (−5)
MO 4	0,05		0,1	0	16,9	9,38 (−8)	16,0	8,85 (−8)
MO 4[2]	0,05		0,1	0	16,2	7,03 (−8)	15,7	6,84 (−8)
KM III/2	0,05		0,1	0	20,5	5,12 (−8)	19,0	4,74 (−8)
MO 1	0,5	1,0	2,23	5	3,08	1,92 (−7)	3,05	1,90 (−7)
MO 1	0,5	1,0	1,52	0	6,50	5,35 (−7)	6,40	5,27 (−7)
MO 1	0,5		1,0	0	13,8	1,73 (−6)	13,4	1,68 (−6)
MO 1	0,05		1,0	0	1,58	1,98 (−8)	1,57	1,97 (−8)
KM I	0,5		1,0	0	24,9	3,77 (−6)	23,6	3,57 (−6)
MO 4	0,5	1,0	1,78	5	0,538	1,51 (−9)	0,537	1,51 (−9)
MO 4	0,5	1,0	1,24	0	1,31	5,90 (−9)	1,31	5,88 (−9)
MO 4[2]	0,5		1,0	0	1,89	8,24 (−9)	1,89	8,21 (−9)
MO 4	0,5		1,0	0	1,99	1,11 (−8)	1,98	1,10 (−8)
MO 4	0,05		1,0	0	0,203	1,13 (−10)	0,203	1,13 (−10)
KM III/2	0,5		1,0	0	2,51	6,28 (−9)	2,48	6,20 (−9)

[1] vgl. Tab. 2.
[2] 8 Volumenelemente.
[3] Werte bei geringem u teilweise fiktiv, da Stabilität der Wetterlage unwahrscheinlich.

Reaktion 2

$h_B = 50$
$a = 2,99\ (4)$

— bei gleichmäßiger Verteilung vieler annähernd gleichwertiger Quellen im großräumigen Immissionsfeld (Automobile oder Hausbrandschornsteine in einer großen Stadt u. ä.) die Veränderungen der schädlichen Wirkung der Atmosphäre in durch die Turbulenz zusammenhängenden Bereichen (Rührkesseln) bei Änderungen der Eingangsgrößen zu berechnen oder zumindest abzuschätzen („box models" für Städte, aber auch für Täler oder Talkessel mit besonderen Zirkulationsverhältnissen und oftmals erhöhten mittleren Verweilzeiten der Luftmassen).

Beim Zusammenwirken mehrerer starker Quellen werden die Berechnungen mühsam, für wichtige Zielstellungen bleiben sie aber realisierbar. Diese Schwierigkeiten sind durch die Aufgabe bedingt, und auch andere Modellvorstellungen können hier kaum Abhilfe schaffen.

Allgemeine Probleme bei der Ausführung von Ausbreitungsrechnungen, die selbstverständlich auch jede Art von modellmäßigen chemischen Betrachtungen belasten, bestehen nach wie vor in der Wahl der Ausbreitungsparameter und der Formeln zur Berechnung der Kaminüberhöhung (eine Darstellung möglicher Fehler — ohne Berücksichtigung chemischer Umsetzungen — findet sich bei MANIER [29]). Die Ergebnisse in den Tab. 8 und 9 geben ein anschauliches, wenn auch nur zufällig-punktuelles Beispiel dafür, wie stark Umsatzgrad und Produktkonzentration von der Wahl der Parameter, die verschiedene Autoren für die gleichen äußeren Umstände angeben, beeinflußt werden. Ähnlich gravierend können sich bei Berechnungen in der Praxis Unsicherheiten in der Wahl der Windgeschwindigkeit auswirken. Hierbei reagiert die Ausgangskonzentration c_τ, die einmal über den verweilzeitabhängigen Umsatzgrad, zum anderen aber auch noch über die Volumengeschwindigkeit verändert wird, besonders empfindlich.

Tabelle 9

	Q (NO) = 0,5 q_{AH} [1]	Q (NO_2) = 0,5 c_{ANO} [1]	Q (NO) = 0,9 q_{AH}	Q (NO_2) = 0,1 c_{ANO}	Q (NO) = 0,95 q_{AH}	Q (NO_2) = 0,05 c_{ANO}
MO 1	24,5	1,53 (−7)	11,8	7,39 (−8)	7,81	4,89 (−8)
KM I	71,5	5,41 (−7)	51,9	3,93 (−7)		
MO 4	1,39	3,86 (−10)				
KM III/2	3,62	4,53 (−10)				

[1] AH = Amin, ANO = Nitrosamin.
Q (AH) = 0,05, h = 50, W = 0, u = 2.
Reaktion 2, 4 verschieden große Kessel (vgl. Tab. 2)

Chemisch-toxikologische Forschungen können keine Beiträge zu den Fragen der Parameterisierung der Gesetzmäßigkeiten der Ausbreitung und über die Struktur des Windfeldes liefern. Die Gruppe Modellierung, zu deren wichtigsten Aufgaben Studien zur Verbesserung der Voraussagemöglichkeiten des für Bevölkerungsgruppen bestehenden Risikos durch die Einwirkung exogener Noxen gehören, muß die Zahlenwerte und Vorstellungen der Literatur entnehmen. Ergeben sich bei gleichen realen Ausgangsbedingungen mit verschiedenen „Sätzen" von Parametern deutlich voneinander abweichende Zahlenwerte für die toxikologisch relevanten Größen, so werden diese Ergebnisse als obere und untere Grenzfälle (vgl. die Überlegungen am Anfang dieser Ausführungen) behandelt und einer zusammenfassenden toxikologisch-epidemiologischen Interpretation unterworfen. Aus den Ergebnissen dieser komplexen Betrachtungen werden Vorschläge und Empfehlungen zum Schutz der Bevölkerung abgeleitet, denn in unserer Gesellschaft steht im Mittelpunkt der Mensch.

Herrn Prof. Dr. Kh. Lohs danke ich dafür, daß er durch seine großzügige Unterstützung die Untersuchungen in der vorgelegten Form ermöglicht hat.

Den Mitarbeitern der Forschungsgruppe Modellierung der FCT gebührt Dank für verschiedenartige Aktivitäten, vor allem Herrn Dr. E. Renner für die Mitwirkung bei den Berechnungen und Herrn Dr. P. Gehlert für seine Diskussionen über chemisch-kinetische Fragen.

Das geographische Institut der AdW und das Zentralinstitut für Isotopen- und Strahlenforschung gestatteten in dankenswerter Weise die Benutzung der dort installierten Rechenanlagen.

Literatur

[1] Rolle, W.: Studie über gegenwärtig übliche Verfahren zur mathematischen Beschreibung der physikalischen Makroprozesse bei der Ausbreitung von Schadstoffen in der Umwelt des Menschen. Teil 1, Oktober **1972**, Teil 2, November **1973**, Forschungsberichte für das Ministerium für Wissenschaft und Technik der DDR (MWT) (455 Literaturzitate bis Mitte 1973).

[2] Lohs, Kh., und W. Rolle: Zur Ausbreitung von Schadstoffen in der Atmosphäre und zu einigen Voraussetzungen für dabei mögliche chemische Reaktionen. Chem. Techn. **25** (1973), 12, 713 (besonders auf die Bedeutung der Aerosole hingewiesen).

[3] Mathis, J. J., und W. L. Grose: A review of methods for predicting air pollution dispersion. NASA — Report SP — 322, Washington **1973** (119 Literaturzitate).

[4] GILLIGAN, R. M.: Forecasting the effects of polluting discharges on estuaries, Pt. I, II, III. Chem. Ind. (London) **1972**, 865, 909, 950 (Betrachtungsweise in flüssiger Phase).

[5] MÖLLER, D., und M. GRAF: Reaktionsbeziehungen gasförmiger chemischer Schadstoffe in der Atmosphäre. Z. Chem. **15** (1975), 12, 461 (52 Literaturstellen, Darstellung wichtiger chemischer Zusammenhänge ohne Kinetik und Ausbreitungsrechnung).

[6] KDT (Herausgeber): Ausbreitungsrechnung ..., Broschürenreihe Technik und Umweltschutz, Nr. **11**, Leipzig **1975**.

[7] SIDORENKO, G. J.: Methodologie der hygienischen Bewertung der kombinierten und komplexen Wirkung von Umweltfaktoren. Z. ges. Hyg. Grenzgeb. **21** (1975), 10, 721.

[8] HORN, K., und W. H. DÖRRE: Die Beeinträchtigung der Gesundheit durch staubförmige Immissionen. Z. ges. Hyg. Grenzgeb. **21** (1975), 10, 726.

[9] SNODDERLY, M. D.: Biomedical and social aspects of air pollution in: Advances in environmental science and technology. Vol. 3, Wiley and sons, **1974**.

[10] LOHS, Kh., und S. DÖRING (Herausgeber): Im Mittelpunkt der Mensch-Umweltgestaltung-Umweltschutz. Berlin **1975**. In diesem Sammelband sind zahlreiche Beiträge über die Wirkung exogener Noxen auf den Menschen enthalten. Die Prinzipien der sozialistischen Landeskultur werden dargelegt. Eine Sammlung in der DDR erlassener einschlägiger Gesetze und Verordnungen ergänzt das Material.

[11] DENBIGH, K. G., und J. C. R. TURNER: Einführung in die chemische Reaktionstechnik. Weinheim/Bergstraße **1973**.

[12] KRAMERS, H., und K. R. WESTERTERP: Elements of chemical reactor design and operation. Amsterdam, **1963**.

[13] ARIS, R.: Elementary chemical reactor analysis, Englewood Cliffs, N. J. **1969**.

[14] ERFURTH, H., G. JUST und W. PIPPEL: Modellierung und Optimierung chemischer Prozesse. Leipzig **1973**.

[15] MANIER, G.: Bestimmung von Schornsteinhöhen im Hinblick auf die Luftreinhaltung. VDI-Fortschrittsbericht Reihe 15, Nr. 4 (**1971**).

[16] Experimentelle Verweilzeitverteilungen lassen sich selten als Signale aus „einfachen“ Reaktoren (Kessel, Rohr, Kaskade aus gleichen Kesseln) deuten. Es wurden gut handhabbare Methoden zur formalen Zerlegung „nicht elementarer“ Verteilungen in eine Anzahl solcher Verteilungen, die sich aus überschaubaren Elementen ergeben, publiziert (vgl. IRMER, K., Isotopenpraxis **5** (1969), 3, 99). Das nach der Zerlegung vorliegende „Ersatzsystem“ mit mehreren Parallelströmen kann als wertvolle Hilfe bei Überlegungen zur Umsatzberechnung dienen.

[17] Der Begriff Metabolisierung hat sich in jüngster Zeit für Stoffumwandlungen auch außerhalb biologischer Systeme eingebürgert. In den Abb. 7 bis 9 wurden die Begriffe Giftung und Toxizitätswandel nicht in exakt gleicher Weise wie im nachfolgenden Text angewandt. In Ermangelung einer verbindlichen Definition kann es offen gelassen werden, ob die Wirkungsverstärkung, die durch eine Giftungszahl von 3,5 oder 15 ausgedrückt wird, noch als Toxizitätswandel oder

schon als Giftung anzusehen ist. Unzweifelhaft echte Giftungsreaktionen liegen bei der Bildung extrem wirksamer Cancerogene und Reizstoffe in der Atmosphäre vor.

[18] JAYANTY, R. K. M., R. SIMONAITIS und J. HEICKLEN: The inhibition of photochemical smog. Atmos. Environ. **8** (1974), 12, 1283.

[19] MOHRY, H., A. LEHMANN und D. KAHL: Meßtechnische und rechnerische Ermittlungen von Immissionskonzentrationen im Einflußbereich von Großemittenten als Bewertungsgrundlage für die Territorialplanung. Energietechnik **25** (1975), 3, 93 (Darstellung der gegenwärtig in der DDR üblichen Form der Ausbreitungsrechnung).

[20] Der hier gewählte Faktor von 0,2 erscheint zunächst willkürlich. Die Betrachtung der Dichtefunktion der Normalverteilung zeigt, daß durch diese Festlegung zwei Konzentrationsbereiche relativ scharf voneinander getrennt werden. Die Zweckmäßigkeit dieser Annahme muß im einzelnen durch Vergleichsrechnungen an Punktquellen erhärtet und in ihrer Tragweite abgesteckt werden. Hierbei könnten auch Parallelströme, die einmal durch eine elliptische Kernzone und zum anderen durch einen diese Kernzone umschließenden elliptischen Ring definiert sind, mit zum Vergleich herangezogen werden. Liegen EDV-gerechte Algorithmen vor, dann bereitet dieses Vorgehen zur weiteren Klärung der Verhältnisse keine Schwierigkeiten.

[21] ELIASSEN, A., und J. SALTBONES: Decay and transformation rates of SO_2, as estimated from emission data, trajectories and measured air concentrations. Atmos. Environ. **9** (1975), 4, 425.

[22] ROLLE, W.: Möglichkeiten zur Berechnung von Konzentrationsverteilungen potentiell gefährlicher N-Nitrosoverbindungen in der Atmosphäre unter der Annahme praxisnaher Emissions- und Dispersionsbedingungen. Forschungsbericht für das MWT, Oktober **1974**.

[23] ROLLE, W.: Untersuchungen zur Bildung und Ausbreitung sekundärer Schadstoffe am Beispiel cancerogener Nitrosamine, Forschungsbericht für das MWT, September **1975**.

[24] Die Berechnungen erfolgten auf den programmierbaren elektronischen Tischrechnern der Fa. Hewlett-Packard H.P. 9100 A und H.P. 9810 A. Kompliziertere Algorithmen, wie sie z. B. in Anmerkung 20 angedeutet sind, erfordern zu ihrer bequemen (!) Realisierung größere Anlagen, sind aber dann unproblematisch.

[25] Selbstverständlich wächst mit steigender Zahl der an der Reaktion simultan beteiligten Komponenten der Rechenaufwand erheblich. Abgesehen von sehr komplizierten Fällen (photochemischer Smog!) werden aber meist einige wenige Hauptreaktionspartner das Geschehen bestimmen, entweder infolge ihrer Konzentration oder wegen des Auftretens bestimmter dominierend großer Geschwindigkeitskonstanten. Dies gilt vor allem, wenn nur die Bildung oder der Abbau einer einzelnen chemischen Verbindung und nicht das gesamte Reaktionsgeschehen verfolgt werden soll.

[26] Die in Abb. 2 dargestellten Ausbreitungsformeln für Punktquellen werden üblicherweise nur für die Quelldistanzen über 100 m angewandt und auch die

Dispersionsparameter sind im allgemeinen nur innerhalb gewisser Grenzen (nach oben und nach unten) gültig. N. E. BOWNE (J. Air Poll. Contr. Assoc. **24** (1974), 9, 832) gibt einen Weg an, diese Gültigkeitsbereiche wesentlich auszuweiten. Dadurch könnten sich Möglichkeiten ergeben, die im Zusammenhang mit Reaktionen höherer Ordnung wichtigen Bereiche in unmittelbarer Quellnähe in der im Text angegebenen Weise zu behandeln.

[27] Fällt unter Bedingungen sehr starker Turbulenz bei Reaktionen höherer Ordnung nicht nur die Konzentration, sondern auch die Reaktionsgeschwindigkeit mit zunehmender Quelldistanz stark (d. h. q wächst mit zunehmender Verweilzeit nur noch geringfügig), dann entsteht nur noch ein kleiner Fehler, wenn nach den ersten entscheidenden Volumenelementen angenommen wird, daß die Reaktion abbricht. Die weitere Verteilung der Reaktionsprodukte erfolgt nur noch durch den turbulenten Transport. Die Berechnung des Konzentrationsfeldes von diesem Punkt an ist dann sehr bequem durch Annahme einer virtuellen Quelle am Ort der ursprünglichen Quelle P ($x = 0$, $y = 0$, $z = h$), aber mit den modifizierten Quellstärken $Q_p = Q\,(p/100)$ bzw. $Q_q = Q\,(q/100)$ möglich. Dieses Verfahren ist mit dem Vorgehen bei der Berechnung der Konzentrationsfelder unter Berücksichtigung des Substanzverlustes durch Sedimentation verwandt (vgl. TADMOR, J., Atmos. Environ. **5** (1971), 7, 473 und WOJCIECHOWSKI. K., Atmos. Environ. **5** (1971), 1, 41). Im Falle der Sedimentation wird die virtuelle Quellstärke als Funktion von x proportional zu

$$\exp\left[-\left(\frac{2}{\pi}\right)^{1/2}\cdot R\int_0^x \frac{1}{\sigma_z(x)}\cdot\exp\left[-\frac{1}{2}\left(\frac{h}{\sigma_z(x)}\right)^2\right]dx\right]$$

angenommen.

[28] Wenn die Abgasfahne durch eine exakte zweidimensionale Normalverteilung beschrieben werden könnte, dann ließe sich die im Schritt 3 der Zerlegung des Reaktionsraumes angedeutete logarithmische Regressionsfunktion direkt ableiten. Eine empirisch geprägte Arbeitsweise wäre somit in diesem Bereich überflüssig. Das trifft aber im Gesamtsystem sicher nicht zu. Das im Text angegebene Verfahren mittels der „vollständigen“ Ausbreitungsformeln wurde vorgezogen, denn es wird von Einschränkungen weit weniger betroffen. Es ist universeller, d. h. in einem größeren und weniger homogenen Raumabschnitt anwendbar. Nach Programmierung auf entsprechend leistungsfähigen Rechenautomaten ist es auch problemlos realisierbar.

[29] MANIER, G.: Die Fehler bei der rechnerischen Erfassung der Ausbreitung atmosphärischer Spurenstoffe, Staub-Reinh. Luft **30** (1970), 1, 11.

[30] EPSTEIN, S. S.: Environmental determinants of human cancer, Cancer Research **34** (1974), 2425.

Verzeichnis der verwendeten Formelzeichen

Index i: Betrifft Komponente i
Index j: Betrifft Teilvolumen j
Index τ: nach der Verweilzeit τ

a in m: Gesamtausdehnung des Reaktionsraumes in x-Richtung

a_0, a_1, a_2 und

b_0, b_1, b_2: Regressionskoeffizienten in Abb. 2

c, c_{ij} in Mol/m^3: Molare Konzentration

D_x, D_y, D_z in m^2/s: Koeffizienten der turbulenten Diffusion in x-, y-, z-Richtung

F, F (x), F_j in m^2: Querschnitt von Reaktionsräumen in der y-z-Ebene

F, f und

G, g: Regressionskoeffizienten in Abb. 2

h in m: Effektive Quellhöhe über der x-y-Ebene
(h $= h_B +$ Kaminüberhöhung)

h_B in m: Bauhöhe einer Quelle

H in m: Höhe einer Sperrschicht über der x-y-Ebene. Im Zusammenhang der Abb. 2 gilt $H > h$

k, k_i in l/s oder
m^3/Mol · s oder
m^6/Mol^2 · s ...: Geschwindigkeitskonstanten chemischer Reaktionen

p in %: Umsetzungsgrad von Stoffströmen nach Durchfließen des Reaktionsraumes:
$p = 100\, Q_\tau / Q_0$

P (x, y, z): Punkt im Raum

q in %: 100 − p

Q, Q_{ij} in Mol/s: Stoffströme, bei chemischer Reaktion $Q = V \cdot r$

Q'_{ij} in Mol/s: Teilströme zusätzlich zu Q_{ij}

r, r_{ij} in Mol/m^3 · s: Chemische Reaktionsgeschwindigkeiten

R: Relative Fallgeschwindigkeit von Partikeln in der Atmosphäre: R = Fallgeschwindigkeit/u

S: Kennzahl für die Reflexion an der x-y-Ebene. Im allgemeinen gilt $1 \geq S \geq 0$

t in s: Zeit allgemein

u in m/s: mittlere Windgeschwindigkeit in x-Richtung in der Ausbreitungsschicht

u_0 in m/s: mittlere Windgeschwindigkeit in Anemometerhöhe (ohne Angabe: in 10 m Höhe)

u_y, u_z in m/s: Windgeschwindigkeiten in y- und z-Richtung

V, V_{ij} in m^3: Volumina von Reaktionsräumen

$\dot{V}$ in m^3/s: Volumenstrom durch die Reaktionsräume

W in MW: Wärmeinhalt von Abgasen

x in m: Raumkoordinate in Windrichtung

y in m: Raumkoordinate lateral rechtwinklig zu x

z in m: Raumkoordinate vertikal rechtwinklig zu x

χ in Mol/m^3: Allgemeine Konzentration in der Ausbreitungsrechnung

$\sigma y = \sigma y$ (x) in m und

$\sigma z = \sigma z$ (x) in m: Dispersionsparameter in y- und z-Richtung

τ in s: mittlere Verweilzeit im Reaktionsraum

FSC
www.fsc.org
MIX
Papier | Fördert
gute Waldnutzung
FSC® C083411

Zeitfracht Medien GmbH
Ferdinand-Jühlke-Straße 7
99095 Erfurt, Deutschland
produktsicherheit@kolibri360.de